Marco Nadorp

Exkursionsbericht Spiekeroog

GRIN Verlag

Bibliografische Information der Deutschen Nationalbibliothek:

Die Deutsche Bibliothek verzeichnet diese Publikation in der Deutschen National-
bibliografie; detaillierte bibliografische Daten sind im Internet über http://dnb.d-
nb.de/ abrufbar.

Impressum:

Copyright © 2011 GRIN Verlag GmbH
Druck und Bindung: Books on Demand GmbH, Norderstedt Germany
ISBN: 978-3-656-52377-2

Dieses Buch bei GRIN:

http://www.grin.com/de/e-book/263203/exkursionsbericht-spiekeroog

Universität Duisburg-Essen

Lernbereich Gesellschaftswissenschaften

Exkursionsbericht:

„Spiekeroog“

vom 16.09.2011-18.09.2011

Name des Autors:	Marco Nadorp

Inhaltsverzeichnis

1. EINLEITUNG 2

2. ANTHROPOGEOGRAPHISCHE ASPEKTE DER EXKURSION ... 3

  2.1   Historische Geographie 3

  2.2   Siedlungsgeographie 5

      2.2.1 Niederdeutsches Einheitshaus 5

      2.2.2 Spiekeroogs Architektur – Drei ausgewählte Beispiele 6

      2.2.3 Siedlungsentwicklung seit 1969 7

  2.3   Wirtschaft und Tourismus 8

  2.4   Nutzungsverteilung der Gebäude auf Spiekeroog 9

3. PHYSIOGEOGRAPHISCHE ASPEKTE DER EXKURSION 10

  3.1   Gewässer und Grundwasser 10

      3.1.1 Entstehung der Gezeiten 11

      3.1.2 Strandzonen des Wattenmeers 11

      3.1.3 Eigenschaften von Wellen 12

  3.2   Küstenmerkmal und –formung 13

      3.2.1 Dünen 13

      3.2.2 Strandverlagerung 13

  3.3   Flora und Fauna 14

  3.4   Wattwanderung 15

4. PROJEKT – „ROBINSON CRUSOE" 18

  4.1   Kompetenztraining und -erwerb 18

  4.2   Projektideen 20

5. EVALUATION 21

6. LITERATURVERZEICHNIS 22

7. ABBILDUNGSVERZEICHNIS 24

1. Einleitung

Die dreitägige Exkursion auf die Nordseeinsel Spiekeroog stand unter dem Gesichtspunkt, „den geographischen Blick auf alltägliche und besondere Sachverhalte [zu] schärfen"[1].

Insgesamt nahmen 27 Studierende des Lehramtes für Grundschulen an der Exkursion teil, die die Gruppe vom 16. September bis zum 18. September auf die Insel führte.

Nach dem Beziehen der Zimmer startete die erste Inselerkundung, die in den Kurpark und die namensgebende Gemeinde der Insel führte. Besonderes Augenmerk wurde hier auf die Historie der Insel und die Architektur gelegt. Der erste Anlaufpunkt am zweiten Tag war wiederum der Kurpark. Von dort aus führten die Studierenden das „Experiment Geopuzzle" durch. Der weitere Verlauf war durch physiogeographische Sachverhalte bestimmt. Am dritten und letzten Tag lag die Hauptaktivität in einer geführten Wattwanderung und in einem frei wählbaren Projekt mit didaktischem Bezug.

Dieser Bericht wird die während der Exkursion erworbenen Kenntnisse strukturiert und durch zusätzliche Informationen aus dem Reader und der Literatur ergänzt, darstellen.

Die Exkursion lässt sich in zwei große Teilbereiche der Geographie unterteilen: Anthropogeographie und die physische Geographie.

Zunächst werden die Historische Geographie, die Siedlungsgeographie und der Fremdenverkehr als Teile der Anthropogeographie näher beleuchtet. Es folgen die physiogeographischen Aspekte, die in die Subbereiche „Gewässer und Wasser", „Küstenmerkmal und –formung" sowie die „Flora und Fauna" unterteilt sind. Auch die Erkenntnisse der Wattwanderung werden an dieser Stelle manifestiert.

Der letzte Hauptpunkt des Berichtes wendet sich dem selbst gewählten Projekt mit didaktischem Bezug zu.

---

[1] ProgrammSpiekeroog.pdf

2. Anthropogeographische Aspekte der Exkursion

Ein Hauptschwerpunkt der Beobachtungen und Untersuchungen während der Exkursion stellten anthropogeographische Entwicklungen auf Spiekeroog dar. „Untersuchungsgegenstand der Anthropogeographie ist [...] das Verhältnis Mensch-Gesellschaft-Raum"[2]. Dieses Verhältnis bestimmt alle der Anthropogeographie untergeordneten Teilbereiche. Im Mittelpunkt der anthropogeographischen Analyse standen die Historische Geographie, die Siedlungsgeographie und der Fremdenverkehr. Diese Teilbereiche der Anthropogeographie werden im Folgenden herausgearbeitet.

2.1 Historische Geographie

Die Historische Geographie beschäftigt sich mit der diachronischen Entwicklung eines Raumes.

Erstmalig wurde die Gemeinde Spiekeroog im Jahre 1398 urkundlich erwähnt, doch erst im 16. Jahrhundert bildeten sich erste Siedlungen im Westen der Insel am sogenannten „Noorderloog".

Das Jahr 1570 ist von zentraler Bedeutung: die 1. Heilige Flut suchte Spiekeroog heim. Namensgebend war der Zeitpunkt der Orkanflut, der kirchliche Feiertag „Allerheiligen" am 1. November.

Die alte Inselkirche, die 1696 erbaut wurde, ist nicht nur die älteste Kirche der Insel Spiekeroog, sondern gleichzeitig auch die älteste Kirche aller ostfriesischen Inseln.

Zu Zeiten der Napoleonischen Kriege, Ende des 18. Jahrhunderts, wurde auf Spiekeroog eine französische Garnison eingerichtet und eine Batterie in einer auf dem westlichen Teil der Insel gelegenen Dünengruppe stationiert (Franzosenschanze). Aufgrund der Spannungen zwischen Frankreich und England verhinderte die

---

[2] Rinschede, Gisbert (2003, S.101)

„Kontinentalsperre" den Warenfluss zwischen England und Kontinentaleuropa. Als Folge daraus wurde der boomende Wirtschaftszweig Schiffsbau für die Einwohner Spiekeroogs zur temporären wirtschaftlichen Sackgasse. Die einst stark florierende Haupteinnahmequelle der Landwirtschaft und Fischerei gewann wieder an Bedeutung.

Mit der Aufhebung der Handelsblockade im Jahre 1815 und dem Zusammenschluss mit dem Festland expandierte der Handel Spiekeroogs. Erstmals gelang es, den gemeinsamen Handel voranzutreiben. Haupthandelsgüter waren Reis, Holz und Petroleum.

Ein bis dahin nicht bekannter Wirtschaftszweig erreichte Spiekeroog im 19. Jahrhundert. Der Trend aus England, das Baden im Meer, setzte sich auch hierzulande durch. Spiekeroog mit seinen Sandstränden war prädestiniert für den Bädertourismus. Hotels und Gaststätten bewirtschafteten die stetig steigende Zahl der Touristen. Die für den Tourismus notwendige Infrastruktur bedingte neben einer besseren Anbindung des Festlandes an die Insel mittels einer Schaluppe auch die Einrichtung eines Transferservices mit einer sogenannten Wüppe auf der Insel. Der aufkommende Tourismus überflügelte nach 1900 die wiedererstarkte Landwirtschaft und Küstenfischerei sowie die Seefahrt. Als logische Konsequenz wurde die landwirtschaftlich genutzte Fläche von der zunehmenden Expansion der Gebäude mit touristischer Nutzung verdrängt.

Zum Schutz der Insel gegen Erosionen wurde 1936 eine Spundwand im Westen Spiekeroogs gebaut, die die Folgen von Sturmfluten abschwächen sollte. Diese konnte jedoch nicht die Dünenabbrüche mit bis zu zehn Metern Tiefe während der 2. Allerheiligenflut im Jahr 2006 verhindern.

Der Nationalpark Niedersächsisches Wattenmeer – zu dem auch Spiekeroog gehört – wurde 1986 eingerichtet und am 26. Juni 2009 zum UNESCO Weltnaturerbe erklärt.

Am 1. November 2010 erhielt Spiekeroog nach 1969 erneut das Prädikat „Nordseeheilbad".[3]

---

[3] Vgl. Flyer Spiekeroog. Nordseeinsel Natürlich. Inselgeschichte

2.2 Siedlungsgeographie

Die Siedlungsgeographie als Unterpunkt der Anthropogeographie „betrachtet den sichtbarsten Einfluss des Menschen auf die Erdoberfläche. Sie interessiert und beschreibt erklärend die menschlichen Siedlungen nach ihrer Physiognomie (Größe, Aufriss, Grundriss), Lage, Verteilung und Dichte, Funktion und Genese…"[4].

2.2.1 Niederdeutsches Einheitshaus

Ein auffälliges Merkmal Spiekeroogs ist das *niederdeutsche Einheitshaus*. Es verband seit dem 16. Jahrhundert das Leben und Arbeiten eines Bauers unter einem Dach, bildete folglich eine Einheit. Das Alte Inselhaus aus dem 18. Jahrhundert inmitten der Gemeinde Spiekeroog ist ein Beispiel eines Einheitshauses. Die Quelle A10 zeigt im Grundriss „die Raumaufteilung des Alten Inselhauses". Im vorderen Bereich des Hauses waren Stallungen für das Vieh und ein Vorratsraum für die Ernte vorgesehen. Der hintere Bereich des Hauses war durch die Wohnfunktion geprägt. *Best Kamer* (Festwohnzimmer), *Wohnküche* und *Wohnraum* sowie kleine Schlafräume, die *Butzen*, befanden sich dort. Wegen der Gefahr einer Zusandung der Tür durch den Nordwind lag der Haupteingang des Alten Inselhauses im Süden. Beim Aufriss fällt neben dem inseltypisch mit Holz verkleideten Giebel das Satteldach auf. Es wurde wegen des starken Windes weit nach unten gezogen, um dem Wind möglichst wenig Angriffsfläche zu bieten. Mit dem sogenannten *Dreifußdach* oder auch *Schwimmdach* konnte bei einer schweren Sturmflut das Dach vom Rest des Hauses gelöst werden und als „Rettungsschiff" für die Bewohner fungieren. Dieses *Schwimmdach* war bis Mitte des 19. Jahrhunderts das Standarddach Spiekeroogs.

---

[4] Rinschede, Gisbert (2003, S.101)

2.2.2 Spiekeroogs Architektur – Drei ausgewählte Beispiele

<u>Alte Inselkirche</u>

Abbildung 1

Die Alte Inselkirche stammt aus dem Jahr 1696 und ist wie bereits oben erwähnt die älteste Kirche Spiekeroogs. Sie ist schon wegen des Schwans auf dem Glockenturm als protestantische Kirche zu erkennen und ist mit einem Satteldach (Schwimmdachkonstruktion) ausgestattet. Auffällig ist auch der kleine Glockenturm, der *Reiter* genannt wird. Alle Kirchenfenster wurden von Kurgästen der Insel gespendet.

<u>Hotel Inselfriede, Süderloog 12</u>

Abbildung 2

Das Hotel Inselfriede wurde im Jahr 1898 erbaut und ist ein Vertreter der *Gründerzeit* (1870-1914). Typisch für die Architektur aus dieser Zeit ist die weiß verputzte Fassade. Das Hotel ist besonders auf Spiekeroog, denn erstmalig wurde auf der Insel ein Gebäude mit einem Obergeschoss und einem unter dem Krüppelwalmdach gelegenen Dachgeschoss errichtet.

<u>Haus Seelust, Süderloog 21</u>

Abbildung 3

Das Haus Seelust lässt sich keiner bestimmten Bauepoche zuordnen. Es ist vielmehr eine Verschmelzung verschiedener Epochen. So wurde ein Mansardendach französischen Vorbildes genutzt, um mehr Wohnfläche in der obersten Etage zu schaffen. Die Veranda wurde nachträglich im Zuge des aufkommenden Tourismus angebaut, um mehr Sitzfläche für die Gäste bieten zu können.

2.2.3 Siedlungsentwicklung seit 1969

Die Tabelle A3 zeigt die Entwicklung der Bevölkerungszahl im Vergleich zur Anzahl der Gebäude auf Spiekeroog in ausgewählten Jahren zwischen 1738 und 2010. Es wird deutlich, dass die Bevölkerungszahl bis 1969 stetig gestiegen ist und danach bis 1987 zunächst rückläufig, aber darauffolgend relativ stabil geblieben ist und 2010 bei 795 Einwohnern lag. Bei den Gebäuden ist trotz des Bevölkerungsrückgangs zwischen 1969 und 1987 eine Zunahme der Gebäude um über 32% festzustellen. Die Tabelle A15 zeigt, dass sich die Anzahl der Kurgäste in diesem Zeitraum fast verdreifacht hat, also regelrecht ein Touristenboom stattgefunden hat.

Bezugnehmend auf die oben erworbenen Kenntnisse lässt sich die Karte A12 „Entwicklung des Dorfes Spiekeroog von 1800 bis 2010" deutend lesen. In den oben genannten Zeitraum fallen Gebäude, die bis 1970 beziehungsweise 1990 errichtet wurden. Es fällt auf, dass diese Gebäude größtenteils am Rand der ursprünglichen Gemeinde Spiekeroog entstanden. Wie bereits in 2.1 erwähnt, wurden landwirtschaftlich genutzte Flächen in Bauland umgewandelt, um Gebäude für touristische Nutzung bauen zu können. So entstand zum Beispiel das Katholische Ferienheim, das Urlauber - auch Familien - nach Spiekeroog locken sollte. Es unterscheidet sich äußerlich von der ursprünglichen friesischen Bäderarchitektur insbesondere in der Gebäudehöhe (Stockwerkanzahl) und der Dachkonstruktion.

Zwischen 1970 und 1990 entstanden außerdem Reihenhäuser, die zweckmäßig und profitbringend sein sollten. Dementsprechend unangepasst fiel die Architektur aus.

Seit den 1990-er Jahren verhindern die Insulaner (einheimische Spiekerooger) das sogenannte „wilde Bauen". Durch strenge Auflagen bei Neubauten soll der Einklang mit anderen älteren Bauten gewährleistet werden. Die Giebel eines neugebauten Hauses müssen zum Beispiel mit grün lackiertem Holz verkleidet sein, um den Charakter der inseltypischen Bäderarchitektur beizubehalten.

2.3 Wirtschaft und Tourismus

Die wirtschaftliche Entwicklung Spiekeroogs – aus historischer
Perspektive betrachtet – war bis zum 19. Jahrhundert von Tourismus
vollkommen unabhängig.

Bis Anfang des 17. Jahrhunderts verdienten die Inselbewohner ihr Geld
durch Landwirtschaft und Fischerei. In den Jahren 1620 bis 1630
gewann die Handelsschifffahrt stetig an Bedeutung, doch durch die
Kontinentalsperre Napoleons über Großbritannien im Jahr 1806 brach
diese Einnahmequelle abrupt ein. In den folgenden Jahren wuchs die
Armut auf Spiekeroog. Durch die Auflösung der Handelsblockade 1815
und dem Zusammenschluss mit dem Festland konnte die
Handelsschifffahrt wieder zunehmen.

Tabelle A15: Die Gästezahl auf Spiekeroog stieg mit der erstmaligen
Erwähnung als Seebad 1846 nur langsam an. Erst im 20. Jahrhundert
sind starke Wachstumsraten festzustellen. In den Jahren nach dem
Ersten Weltkrieg ist ein erster kleiner Boom festzustellen
(1924: 3.375 Gäste → 1928: 6.101 Gäste |+80,8%). Der erste große
Touristenboom beginnt nach dem Zweiten Weltkrieg in den Jahren des
„Wirtschaftswunders" (1948: 2.931 Gäste → 1961: 13.891 Gäste
|+373,9%) und setzt sich noch stärker seit den 1970-er Jahren
(1970: 21.476 Gäste → 1979: 43.357 Gäste |+101,9%) durch.

Mit steigenden Touristenzahlen und der stetig steigenden Bedeutung
des Dienstleistungssektors musste die Versorgung von der
Subsistenzwirtschaft auf die Versorgung vom Festland umgestellt
werden. Wie bereits in 2.2.3 angedeutet, war die Insel nicht für solche
Touristenzahlen ausgelegt. Es fehlten Übernachtungsmöglichkeiten, die
schnellstmöglich gebaut wurden. Um die Nachhaltigkeit der friesischen
Bäderarchitektur und damit ein Alleinstellungsmerkmal sicherzustellen,
wurde das ausufernde Bauen Ende des 20. Jahrhunderts durch
Bauauflagen gestoppt.

Die touristische Infrastruktur hat sich mit den steigenden Gästezahlen
weiterentwickelt. So gibt es heute eine Poststelle, einen kleinen

Supermarkt und mehrere kleine Geschäfte, die auf Touristen ausgerichtet sind.

Für einen Investitionsboom sorgte Nils Stolberg. Der Reedereiinhaber investierte in den vergangenen Jahren viel Geld in Spiekerooger Immobilien. Er gründete beispielsweise das „Künstlerhaus Spiekeroog" (zurzeit wegen Insolvenz geschlossen) und eröffnete Restaurants und Hotels der gehobenen Preisklasse. Die dadurch gestiegenen Gewerbesteuereinnahmen der Gemeinde Spiekeroog konnten genutzt werden, um Spielplätze zu restaurieren und so attraktiver für Familienurlaube zu werden.

„Eine ganz andere Welt", „Willkommen auf der grünen Insel", „Ihr Inseltraum im UNESCO Weltnaturerbe Wattenmeer" und „Auf Spiekeroog geht es ruhig und gelassen zu" sind Zitate aus dem Insel-Gastgeber, mit denen Spiekeroog wirbt und mit denen eine bestimmte Touristengruppe angesprochen werden soll: Naturliebhaber, die die Ruhe auf Spiekeroog genießen möchten. Deshalb ist es den Insulanern daran gelegen, den Ruf einer ruhigen, autofreien Insel beizubehalten.

2.4 Nutzungsverteilung der Gebäude auf Spiekeroog

Diese Karte entstand durch ein *Geo-Puzzle.* Es wurden mehrere

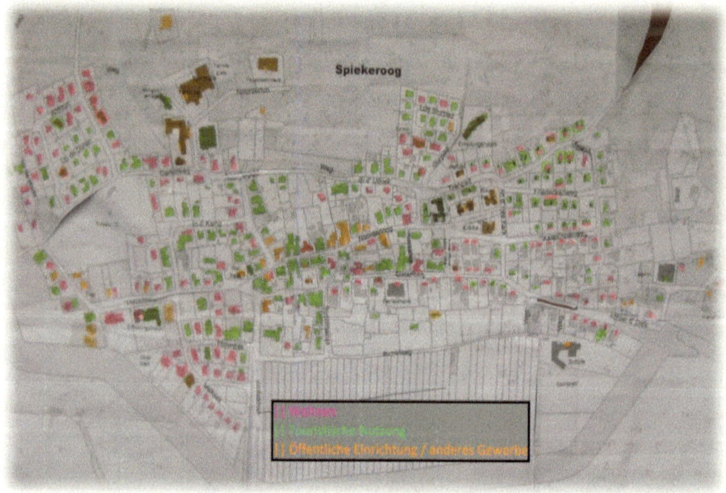

Kleingruppen gebildet, die die Hauptnutzung der Gebäude auf einem ihnen zugeteilten Teilstück einer topographischen Karte der Gemeinde Spiekeroog eingetragen haben. Beim Zusammenfügen der einzelnen Teile erhält man einen guten Überblick über die Nutzungsverteilung innerhalb Spiekeroogs. Die Karte visualisiert die Erwartung, die sich aus den oben erworbenen Kenntnissen ableiten lässt: Spiekeroog ist durch touristische Nutzung geprägt.

Eine neue Erkenntnis liegt darin, dass es kein reines Wohngebiet und keine reine Feriensiedlung gibt. Die Touristen wohnen während ihres Urlaubes in unmittelbarer Nachbarschaft zu den Insulanern.

Öffentliche Einrichtungen oder nicht touristisch genutzte Gewerbe konzentrieren sich im Ortskern und im westlichen Teil Spiekeroogs.

3. Physiogeographische Aspekte der Exkursion

Untersuchungsgegenstand der Physiogeographie sind „die durch die Geofaktoren Gestein, Relief, Klima, Boden, Wasser, Pflanzen und Tierwelt gesteuerten landschaftsprägenden Prozesse an der Erdoberfläche"[5]. Sie bestimmen die natürliche Umwelt und beeinflussen den Mensch in seiner durch Siedlungsbau und Infrastruktur gestalteten Umwelt.[6]

3.1 Gewässer und Grundwasser

Die ostfriesische Insel Spiekeroog liegt in der Nordsee. Umgeben von Salzwasser hat sich oberhalb des Salzwasserspiegels im Inneren der Insel in einem Porenraum Niederschlagswasser angesammelt. Festgehalten wird dieses Süßwasser durch Sediment. Die eigene Wasserversorgung der Insel ist durch diese „Süßwasserlinse" gesichert.

---

[5] Universität Trier (2011)
[6] Ebd.

3.1.1 Entstehung der Gezeiten

Die Gezeiten entstehen durch eine periodisch auftretende Wasserbewegung der Ozeane. Der Zeitraum zwischen Tideniedrigwasser *(Tide = Zeit)* und Tidehochwasser wird als *Flut*, der Zeitraum zwischen Tidehochwasser und Tideniedrigwasser wird als *Ebbe* bezeichnet.

Die Erde und der Mond ziehen sich gegenseitig an und haben einen gemeinsamen Schwerpunkt. Dieser Schwerpunkt liegt aufgrund der größeren Masse der Erde im Vergleich zum Mond im Inneren der Erde. Während die dem Mond zugewandte Seite der Erde vom Mond angezogen wird und so ein erster Flutberg entsteht, wirken zum Ausgleich auf der dem Mond abgewandten Seite der Erde Fliehkräfte, durch die ein zweiter Flutberg entsteht. Die Anziehungskräfte der Sonne auf die Erde werden während der Neumond- und Vollmondphase deutlich. In dieser Zeit stehen Sonne, Erde und Mond in einer Linie, weshalb sich die Anziehungskräfte von Sonne und Mond addieren. Die Flut fällt in dieser Zeit besonders hoch aus. Sie wird auch *Springtide* genannt.[7]

3.1.2 Strandzonen des Wattenmeers

Es werden drei Strandzonen im Bereich des Wattenmeers definiert: die *sublitorale Zone* (auch Vorstrand genannt), die *eulitorale Zone* (nasser Strand) sowie die *supralitorale Zone* (trockener Strand). Die sublitorale Zone ist immer überflutet und reicht bis zur Strand- oder Wattlinie. Der nasse Strand in der eulitoralen Zone liegt zwei Mal täglich während der Flut unter Wasser. In diesem Bereich befindet sich das Watt, das während der Ebbe trocken fällt. Die maximale Ausdehnung dieser Zone wird durch den *Spülsaum* (Ablagerungen aus dem Meer) gekennzeichnet. Der trockene Strand liegt zwischen der Ufer- und der Küstenlinie. Die supralitorale Zone liegt über dem mittleren

---

[7] Vgl. Zanke, Ulrich C. (2002, S. 222-223)
   Quelle P2 (1)

Tidehochwasser (MThw) und wird nur bei Sturmfluten oder Springtiden überflutet. Die Küstenlinie stellt dabei die untere Grenze der Sturmfluten dar.

Verlagerungen oder Erosion sind wegen des Gewichts der Sandkörner bei normaler Windstärke nur im Bereich des trockenen Strandes möglich. Dort bilden sich *Rippelmarken* und auch *Initialdünen*, die durch Sandanlagerungen entstehen und zu einer neuen Düne heranwachsen können.[8]

3.1.3 Eigenschaften von Wellen

Der Begriff *Wellenlänge* bezeichnet den Abstand zwischen den Höchstständen des Wassers zweier hintereinander folgender Wellenberge. Den Tiefststand erreicht die Welle nach einer halben Wellenlänge.

Die Wasserteilchen drehen sich beim Passieren einer Welle gegen den Urzeigersinn. Dabei nehmen die Bewegungen der Wasserteilchen mit zunehmender Tiefe exponentiell ab bis sie bei einer Wassertiefe, die ungefähr der halben Wellenlänge entspricht, zum Erliegen kommen.

Entspricht die Wassertiefe einer halben Wellenlänge oder liegt die Wassertiefe über der halben Wellenlänge, so entstehen Verwirbelungen auf dem Meeresboden, die zu einer Sedimentsverlagerung führen. Auf lange Sicht betrachtet, können *Barriereinseln* entstehen.

„Nach neuesten geologischen Erkenntnissen haben sich die West- und Ostfriesischen Inseln letztendlich auf [...] perlschnurartig von West nach Ost aufgereihte[n] Barriereinseln allein aus dem Kräftespiel von Strömung, Seegang und Wind gebildet."[9] Die Entwicklung der west- und ostfriesischen Inseln ist dementsprechend noch nicht abgeschlossen. Auch Spiekeroog befindet sich im Wandel. Die historische Entwicklung und die Tendenz für die zukünftige Entwicklung wird der nächste Unterpunkt genauer erläutern.

---

[8] Vgl. Quelle P7 (1 + 2)
[9] Pott, Richard (2003, S.46)

3.2 Küstenmerkmal und –formung

Ein wesentlicher Bestandteil der Küste Spiekeroogs sind die Dünen. Auf Spiekeroog sind verschiedene Dünenarten vorzufinden, die in 3.2.1 vorgestellt werden. Es folgt ein historischer Rückblick auf die Formung der Spiekeroogs und eine Begründung der andauernden Verformung der Insel.

3.2.1 Dünen

Dünen entstehen durch die Ablagerung von Sand durch auflandige Winde und schützen die Küste vor Sturmfluten.

Es wird zwischen *Primärdünen* (Weißdünen), *Sekundärdünen* (Graudünen) und *Tertiärdünen* (Braundünen) unterschieden. Die Primärdünen liegen unmittelbar an der Küste und sind die jüngsten Dünen. Je weiter die Düne im Inselinneren liegt desto älter sowie salz- und nährstoffärmer ist sie. Ein Kriterium zur Unterscheidung des Dünenalters ist die Farbe des Bodens, die der Düne den zusätzlichen Namen gibt. Der Bodenhorizont, der sich mit dem Alter durch abgestorbene Pflanzen- und Tierüberreste gebildet hat, ist ein Unterscheidungsmerkmal. Auf Spiekeroog ist die Entwicklung der Dünenlandschaft der letzten 300 Jahre gut abzulesen.

3.2.2 Strandverlagerung

Die Strandverlagerung ist ein Phänomen, das durch die Küstenströmung während der Flut im Westen Spiekeroogs entsteht. Die Flut trifft seitlich aus Nordwest auf die Insel. Dabei nimmt das Wasser Sedimente auf. [10]

---

[10] Abbildung mit „Paint" erstellt

Strömt das Wasser zurück, so geschieht dies aus physikalischen Gründen immer im 90°-Winkel. Das transportierte Sandkorn hat sich in östliche Richtung bewegt. Da-durch schrumpft die Insel im Westen und wächst auf der anderen Seite im Osten.

Die Quelle A6 zeigt schemenhaft, wie sich die Form und die Größe der Insel Spiekeroog von 1550 bis 1960 im Abstand von jeweils hundert Jahren verändert haben. Von 1550 bis 1860 ist auf der einen Seite eine deutliche Abnahme der Inselfläche im Westen Spiekeroogs, aber auf der anderen Seite eine Zunahme der Fläche im Osten der Insel festzustellen. In dieser Zeit wuchs Spiekeroog mit der Insel Lütje Oog im Südwesten und der Insel Oldeoog im Osten durch Sandanlagerungen zusammen.

Durch den Bau der Spundwand und von Buhnen 1936 als Wellenbrecher sowie durch die Sandbefestigung der Dünen mittels Bepflanzung gelang es, die Strandverlagerung – die langsame „Wanderung" der Insel von West nach Ost – zu stoppen. Das Wachstum der ostfriesischen Inseln im Osten schreitet aber fort. Aufgrund der Wassermassen, die durch die Gezeiten zwischen den ostfriesischen Inseln bewegt werden, ist es jedoch nicht möglich, dass die ostfriesischen zu einer Insel zusammenwachsen.

3.3 Flora und Fauna

Ein Großteil der Fläche Spiekeroogs ist von Salzwiesen bedeckt. *Obere Salzwiesen* (35-70 Mal/Jahr überflutet) haben einen Flächenanteil von 37,7 %, *untere Salzwiesen* (150-250 Mal/Jahr überflutet) 17,2% an der Gesamtfläche Spiekeroogs. Typischste Pflanze der Dünen ist der *Gewöhnliche Strandhafer*, der mit seinem ausgedehnten Wurzelwerk die Dünen befestigt. Diese Dünen haben einen Anteil von 6,6%. Zu den bekanntesten Pflanzen der Insel gehört auch der *Strandflieder*, der genau wie die *Strandaster* im oberen Bereich der Salzwiesen zu finden ist. Der *Queller* ist in den unteren Salzwiesen beheimatet und die einzige Pflanze in den Salzwiesen, die ohne das Salz nicht überlebensfähig ist. Sie schafft es durch Salzanlagerungen im inneren der Pflanze wegen des osmotischen Drucks Wasser anzusaugen.

Ein ungewöhnliches Charakteristikum Spiekeroogs sind kleine Wälder. Sie bestehen aus Schwarzkiefern, Zitterpappeln und Eichen. Ende des 19. Jahrhunderts wurden entsprechende Anpflanzungen angelegt, die sich heute ausbreiten. Sie verhindern die Dünenwanderung in den Siedlungsbereich.

Die Fauna ist wegen der Naturbelassenheit der Insel sehr vielfältig und wurde insbesondere während der Wattwanderung erörtert.

3.4 Wattwanderung

Der *Nationalpark Niedersächsisches Wattenmeer* besteht seit 1986. Er grenzt im Westen an *De Waddenzee* in den Niederlanden und im Osten an Cuxhaven. Der 345.000 Hektar große *Nationalpark Niedersächsisches Wattenmeer* gehört seit Juni 2009 gemeinsam mit dem *Nationalpark Schleswig-Holsteinisches Wattenmeer* und dem niederländischen *Waddenzee* zum UNESCO-Weltnaturerbe. Ein Ernennungsgrund war die Bewegungs- und Veränderungsdynamik des Wattenmeers.[11]

Das Wattenmeer ist in mehrerlei Hinsicht ein Lebensraum mit extremen Bedingungen. Neben dem Wechsel der Gezeiten spielen auch die schwankenden Faktoren Salzgehalt, Temperatur und Sauerstoff eine essentielle Rolle bei der relativ niedrigen Artenvielfalt im Wattenmeer.[12]

Es haben sich ungefähr 4.000 Tier- und Pflanzenarten auf den Lebensraum im Wattenmeer spezialisiert.

Die Flora im Wattenmeer ist von vielen Algenarten, wie zum Beispiel den Kieselalgen oder den Braunalgen geprägt. Nur eine Blütenpflanze ist auf kleinen Sandbänken zu finden, das *Salzgras*.

Typische Vertreter im Bereich der Fauna sind Schnecken, Würmer, und Muscheln. Einer der bekanntesten Bewohner des Sandwatts ist der

---

[11] Nationalparkverwaltung Niedersächsisches Wattenmeer (2010)
[12] Knor, Andrea (2005): Lebensbedingungen

Wattwurm, der sich vom Schlick des Wattenmeers ernährt. An der Oberfläche sind insbesondere die Kothaufen der Wattwürmer zu sehen.

Die *Strandkrabbe* trifft man insbesondere im Randbereich der *Priele* im Wattenmeer an. Meist vergraben sie sich während der Ebbe bis zur nächten Flut im Wattboden, um vor Fressfeinden geschützt zu sein. Sie kann trotz der Kiemenatmung bis zu zwölf Stunden im Trockenen überleben.

Die *Miesmuschel* ist eine der häufigsten Muschelarten des Wattenmeers. Sie sind häufig in „Muschelhaufen" zu finden, denn die Miesmuschel heftet sich mithilfe von Eiweißfäden an anderen Muscheln an. Neben ihr ist die *Herzmuschel* die wohl bekannteste Muschelart, die ihren Namen durch ihre Form erhielt. Neben den angepassten, heimischen Muscheln sind auch durch Schiffe eingewanderte Muschelarten zu finden. Die *Sandklaffmuschel* hat sich im Wattenmeer ausgebreitet.

Weniger bekannte Bewohner des Wattenmeers sind in den Prielen zu finden. Ganzjährig anzutreffende Fischarten wie zum Beispiel der *Butterfisch* sind dort zu finden.

Aber nicht nur den Tieren im Boden des Watts dient das Wattenmeer als Nahrungsquelle. Teilweise dienen diese Tiere anderen als Nahrungsgrundlage und sind somit Zwischenglied in der Nahrungskette. Die *Brandgänse* haben beispielweise ihre Hauptnahrungsquelle auf die unerschöpfliche Menge an *Wattschnecken* ausgerichtet. Diese sind direkt an der Wattoberfläche zu finden und somit aus der Luft gut zu erkennen.

Am Ende der Nahrungskette stehen neben den Brandgänsen auch geschätzte 750.000 Seevögel – darunter die *Seemöwe* –, für die das Wattenmeer Lebensgrundlage ist. „Das wichtigste Brutgebiet Nordeuropas" wird aber auch von bis zu zehn Millionen Zugvögeln auf ihrer Reise als Rastplatz genutzt.[13]

Die oben schon genannten *Priele* fallen durch ihre *Mäander* auf. Diese Schlingen entstehen durch die stärkere Strömung in den Außenkurven und der geringeren Strömung in den Innenkurven.

---

[13] Knor, Andrea (2005): Vögel

Hintergrund zur Ernennung des *Nationalparks Niedersächsisches Wattenmeer* war es, das Ökosystem Watt vor der zunehmenden Bedrohung zu schützen. Das sensible System wird unter anderem von Überfischung, Einleitung von Schmutzwasser und Düngemittel, die zu erhöhter Algenproduktion und niedrigerem Sauerstoffgehalt führt, bedroht.

Mit der Ernennung des Wattenmeers zum UNESCO-Weltnaturerbe hat sich die Tourismusbranche auf einen Boom eingestellt, der bis dato nicht in diesem Maße eingetroffen ist.

4. Projekt – „Robinson Crusoe"

„Robinson Crusoe" ist ein Roman von Daniel Defoe, dessen Hauptfigur, der namensgebende Seemann, Robinson Crusoe, als Schiffbrüchiger mehrere Jahre auf einer Insel verbringt.

Im Rahmen einer Klassenfahrt auf Spiekeroog soll mein Projekt „Robinson Crusoe" die fiktive Situation für die Schüler erschaffen, auf sich allein gestellt (mit Beobachtung und Hilfestellung) auf der Insel Spiekeroog überleben zu können.

Das Projekt soll fächerübergreifend geplant und ausgeführt werden. Der Schwerpunkt liegt im Bereich Sachunterricht, aber auch mathematische und dem Fach Deutsch zuzuordnende Kompetenzen werden durch dieses Projekt geschult.

Neben der Kompetenzvermittlung geht mein Projekt auf die „gender"-Problematik ein.

4.1 Kompetenztraining und -erwerb

Da das Projekt didaktisch sinnvoll auf die Schüler der Grundschule ausgerichtet sein soll, ist es unumgänglich, den Lehrplan für die Grundschule herbeizuziehen. Dort ist für jedes Fach eine Auflistung von Kompetenzen zu finden, die jeder Schüler am Ende der Klasse 4 erreicht haben soll. Das Projekt „Robinson Crusoe" schult insbesondere Kompetenzen, die in den Fächern Deutsch, Sachunterricht und Mathematik erreicht werden sollen, aber auch Sozialkompetenzen.

Deutsch

Das Buch „Robinson Crusoe" von Daniel Defoe ist Grundlage für die Idee des Projekts und könnte vor Ausführung des Projekts im Bereich der Kompetenzerwartung „Leseerfahrungen" im Fach Deutsch erarbeitet werden.[14]

---

[14] Schulministerium NRW (2011): Deutsch LP

Sachunterricht

Der Sachunterricht in der Grundschule hat als Aufgabe, den Schülerinnen und Schülern Kompetenzen zu vermitteln, die sie in ihrem Leben und Umfeld benötigen, um die Lebenswelt zu begreifen und verantwortungsvoll zu gestalten.

Der Lehrplan für den Sachunterricht erwartet folgende Kompetenzen am Ende der Grundschulzeit:

Die Schüler sollen in der Lage sein, sich anhand von Karten, Kompass oder der Sonne orientieren und naturgegebene oder gestaltete Merkmale (z.B. Gewässer, Flora, Fauna, Siedlungen) vergleichen, beschreiben und dokumentieren zu können.[15]

Mathematik

Ziel des Mathematikunterrichts der Grundschule ist es, mathematische Erfahrungen der Kinder im Alltag aufzugreifen und daraus mathematische Kompetenzen zu entwickeln. Der Unterricht soll die Grundlage für das Mathematiklernen der weiterführenden Schulen sowie für die „lebenslange Auseinandersetzung mit mathematischen Anforderungen des täglichen Lebens" sein.

Der Lehrplan des Landes Nordrhein-Westphalen legt für das Fach Mathematik – für das Projekt relevante – folgende zu erreichende Kompetenzen fest:

Die Schüler sollen eine Vorstellung von Größen entwickeln und sie vergleichen und anwenden können (Längeneinheiten, Gewichte, Zeit) sowie räumliche Beziehungen anhand von Plänen und aus der Vorstellung beschreiben können. Des Weiteren sollen die Schüler in der Lage sein, Aufgaben an simulierten Situationen – „auch in projektorientierten Problemkontexten" – formulieren und lösen zu können.[16]

---

[15] Schulministerium NRW (2011): Sachunterricht LP
[16] Schulministerium NRW (2011): Mathematik LP

Sozialkompetenzen / soft skills

Sozialkompetenzen oder auch *soft skills* sind Fertigkeiten, ohne die eine respektvolle zwischenmenschliche Interaktion nicht möglich ist.

Das Projekt führt die Schüler in Situationen, in denen sie ihren Mitschülern *Vertrauen* entgegenbringen müssen, um eine Aufgabe lösen zu können. Beim Verständnis von Problemen oder Heimweh ist *Empathie* und in Bezug auf Mitschüler mit Migrationshintergrund auch *Interkulturelle Kompetenz* nötig. *Team- und Kommunikationsfähigkeiten* werden beim gemeinsamen Problemlösen gefordert.

Wie oben bereits erwähnt, greift das Projekt auch die stetig steigende Rolle der *Gender-Problematik* auf. Durch die freie Wahl für jede Schülerin und jeden Schüler, welche Rolle (Köchin/ Koch, „Jägerin und Sammlerin" / „Jäger und Sammler") sie oder er in der Gruppe einnehmen möchte, wird kein Kind in eine Rolle gezwängt. Das Projekt wird so auch den Interessen der Jungen in der Klasse gerecht.

4.2 Projektideen

Das Projekt soll die oben genannten Kompetenzen der Schüler stärken. Es folgen einige Ideen, die dazu während des Projekts in beliebiger Reihenfolge durchgeführt werden könnten:

- eine Schatzsuche mit Karte und Kompass, schult die Längeneinschätzung sowie die Orientierungs- und Teamfähigkeit

- Zeltaufbau setzt die Beobachtungen physiogeographischer Begebenheiten (Wo kann ich es aufbauen?) und logisches Denken und Problemlösen voraus

- Floßbau: Wissen im physikalischen Bereich unter Beweis stellen bzw. erweitern, Hilfestellung: verschiedene Materialien werden bereitgestellt, durch Alltagserfahrungen und Erkenntnissen aus den Versuchen mit den Materialien (Schwimmweise,...) können die Schüler ihren eigenen Floßplan konstruieren

5. Evaluation

Die Exkursion war eine sinnvolle praktische Ergänzung des theoretischen Studiums der Geographie innerhalb des Lernbereichs Gesellschaftswissenschaften.

Beide Dozenten waren inhaltlich gut vorbereitet und gingen sorgfältig und detailgetreu auf die Fragen der Studierenden ein. Dabei förderten sie die aktive Teilnahme am Geschehen. Durch die Methode „Geopuzzle" war die aktive Mitgestaltung der Studierenden an einem Teil der Exkursion möglich.

Inhaltlich waren die drei Tage klar strukturiert. Die großen geographischen Themenbereiche – Anthropogeographie und Physiogeographie – waren durch den Wechsel der Dozenten auch in der Vortragsweise deutlich voneinander getrennt und wurden inhaltlich der Exkursionsdauer angemessen herunter gebrochen.

Meine Motivation zur Teilnahme an dieser Exkursion bestand in erster Linie in der Möglichkeit, drei Exkursionsbescheinigungen in kurzer Zeit ausgehändigt zu bekommen. Rückblickend kann ich sagen, dass die Exkursion mein Interesse geweckt und Spaß gemacht hat.

Die Unterbringung im Hostel „Sturmeck" entsprach meinen Vorstellungen.

Als einzigen negativen Kritikpunkt würde ich die fehlenden zwischenzeitlichen Pausen nennen, die die Konzentration während der Vorträge gesteigert hätten.

Dem in der Einleitung genannten Ziel der Exkursion, den geographischen Blick im Alltag zu schärfen, bin ich persönlich nähergekommen. Insbesondere der anthropogeographische Teil mit dem Bereich Fremdenverkehr und Gebäudenutzung hat meine Beobachtungen in meiner Heimatstadt Emmerich beeinflusst. So habe ich erstmalig wahrgenommen, dass es Ferienwohnungen in meiner direkten Nachbarschaft gibt.

6. Literaturverzeichnis

(1)   Knor, Andrea (2005): Lebensbedingungen im Watt.
        URL: http://www.uni-duesseldorf.de/MathNat/Biologie/Didaktik/
        Wattenmeer/lebensbedingungen.html
        [Zugriff am 22.10.2010]

(2)   Knor, Andrea (2005): Vögel (Aves).
        URL: http://www.uni-duesseldorf.de/MathNat/Biologie/Didaktik/
        Wattenmeer/4_tiere/dateien/voegel.html
        [Zugriff am 22.10.2010]

(3)   Nationalparkverwaltung Niedersächsisches Wattenmeer (2010):
        Der Nationalpark „Niedersächsisches Wattenmeer".
        URL: http://www.nationalpark-wattenmeer.de/nds/nationalpark
        [Zugriff am 22.10.2010]

(4)   Pott, Richard (2003): Die Nordsee. Eine Natur- und
        Kulturgeschichte. München: C. H. Beck.

(5)   Rinschede, Gisbert (2003): Geographiedidaktik. Paderborn:
        Schöningh (Grundriß allgemeine Geographie, 2324).

(6)   Schulministerium NRW (2011): Deutsch LP. Kompetenz-
        erwartungen.
        URL: http://www.standardsicherung.schulministerium.nrw.de/
        lehrplaene/lehrplaene-gs/deutsch/lehrplan-deutsch/
        kompetenzen/
        [Zugriff am 22.10.2010]

(7)   Schulministerium NRW (2011): Mathematik LP. Kompetenz-
erwartungen.
URL: http://www.standardsicherung.schulministerium.nrw.de/
lehrplaene/lehrplaene-gs/mathematik/lehrplan-mathematik/
kompetenzen/
[Zugriff am 22.10.2010]

(8)   Schulministerium NRW (2011): Sachunterricht LP. Kompetenz-
erwartungen.
URL: http://www.standardsicherung.schulministerium.nrw.de/
lehrplaene/lehrplaene-gs/sachunterricht/lehrplan-sachunterricht/
kompetenzen/
[Zugriff am 22.10.2010]

(9)   Universität Trier (2011): Physische Geographie.
URL: http://www.uni-trier.de/index.php?id=2423
[Zugriff am 22.10.2010]

(10)   Zanke, Ulrich C. (2002): Hydromechanik der Gerinne und
Küstengewässer. Für Bauingenieure, Umwelt- und
Geowissenschaftler. Berlin.

7. Abbildungsverzeichnis

(1) Alte Inselkirche:

URL: http://www.deichblick-spiekeroog.de/assets/images/g005.jpg

        [Zugriff am 22.10.2010]

(2) Hotel Inselfriede

URL: http://www.spiekeroog-vermieter.de/gastgeber/objektbilderuser/

        inselfriede1.jpg [Zugriff am 22.10.2010]

(3) Haus Seelust

URL: http://www.gesundheit-fasten.de/sc000bf565_200_149.jpg

        [Zugriff am 22.10.2010]